AF238760

Ginkgo – Weltenbaum

Ginkgobaum im Sommerkleid

Heinrich Georg Becker

Ginkgo – Weltenbaum

Wanderer zwischen den Zeiten

Trotz gewissenhafter Bearbeitung kann eine Haftung für den Inhalt nicht übernommen werden. Für aktuelle Ergänzungen und Anregungen ist der Verlag jederzeit dankbar.
Wir bedanken uns bei allen, die uns unterstützt haben.

© 2003 BuchVerlag für die Frau GmbH
Gerichtsweg 28, 04103 Leipzig
Tel.: 0341 / 49 35 74 - 0, Fax: 0341 / 49 35 74 - 40
www.buchverlag-fuer-die-frau.de

Vorwort und Kapitel „Ginkgo botanisch":
Hochschuldozentin Dr. Helga Dietrich,
wissenschaftliche Leiterin des Botanischen Gartens Jena
Einband: Christine Paxmann, München
Bildnachweis: Seite 95
Satz und Reproduktion: Lore Jacobi, Jesewitz
Gesamtherstellung: UAB BALTO print

Printed in Lithuania
www.buchverlag-fuer-die frau.de

8. Auflage 2023
ISBN 978-3-89798-080-8

Inhalt

Ist es die Suche nach der Kraft
des ursprünglichen Lebens,
die mythische Ahnung
von unerforschlicher Weisheit,
die unglaubliche Vitalität
oder sein Erscheinungsbild
in Zweisamkeit,
womit uns der Ginkgo
in seinen Bann schlägt?

Er hat die Zeit besiegt
und ist für uns Menschen
das Symbol für
Schönheit, Weisheit,
Liebe und
ein langes Leben.

Heinrich Georg Becker

Baum aus ferner Zeit

Kaum ein Gehölz wird in Asien so verehrt wie der Ginkgo. Für die hohe Wertschätzung in diesem Teil der Welt spricht auch, dass zeitweilig im alten China Ginkgoblätter sogar als Zahlungsmittel galten.

Der Name Ginkgo wurde aber auch in den letzten beiden Jahrzehnten weltweit bekannt, weil – aufbauend auf der traditionellen asiatischen Heilmedizin und mit dem Erstarken moderner Phytomedizin – spezifische Medikamente aus den Blättern des Baumes entwickelt und popularisiert wurden. Diese Medikamente erhöhen die Fließgeschwindigkeit des Blutes und dienen so der erfolgreichen Behandlung von Durchblutungsstörungen von Kopf und Extremitäten. Sie helfen auch bei Hirnleistungsschwäche, erhöhen generell Gedächtnisleistungen, gelten als vermutlicher Fänger freier Radikale und bieten Hoffnung bei der Behandlung von Tuberkulose und manchen Krebserkrankungen.

Ginkgo ist ein in jeder Hinsicht bemerkenswertes Gehölz. Der oftmals bizarre Wuchs, die ästhetische Schönheit des fächerförmigen Blattes, die erstaunliche Stammesgeschichte der Art, das beachtenswert hohe Individualalter mancher Bäume, die Wertschätzung in sehr unterschiedlichen Kulturkreisen sowie seine breite medizinische Anwendungspalette rechtfertigen die Aufmerksamkeit, die ihm zuteil wird, aber auch die Sonderstellung, die dieser Baum sowohl in Wissenschaft als auch in Kunst, Kultur und im Gartenbau einnimmt.

Kultbaum der Jahrtausende

Um es vorweg zu nehmen: Der Ginkgo ist ein Unikum. Er ist in seiner Art ein einzigartiges Wesen, das sich einfach geweigert hat an der Evolution teilzunehmen. Er macht uns neugierig mehr zu erfahren.

Beginnen wir mit einem Superlativ: Ginkgo ist der älteste Baum der Erde, der einst rund um den Globus zu Hause war. Seine Wurzeln reichen mehr als 250 Millionen Jahre zurück, in eine Zeit, die wir uns kaum vorstellen können, in eine Zeit, in der auf der Erde

Versteinerte Ginkgoholzscheibe aus dem Ginkgo Petrified Forest, Vantage, Washington, USA (ca. 15 Mio. Jahre alt)

weder Vögel noch Saurier lebten. Seine Ursprünge reichen wahrscheinlich bis ins Zeitalter des Perm, als große Teile Europas noch vom Urmeer überflutet waren.

Das heißt: Der Ginkgo überlebte all seine Verwandten und Abkömmlinge, hat die Drift der Kontinente, die Entstehung der Gebirgsketten, das Kommen und Gehen von Reptilienzeitaltern und vieler anderer Lebewesen in seiner eigenen Lebensform von einzigartiger Zähigkeit überstanden.

Ihre Blütezeit erlebte die Familie der Ginkgos vom Trias bis zur Kreidezeit (vor ca. 220 bis 135 Millionen Jahren), als die Dinosaurier und die ersten Vögel die Erde besiedelten. Ginkgo war mit bis zu 250 verwandten Arten vertreten, die sich zumeist durch eine unterschiedliche Blatt- oder Wuchsform voneinander unterschieden.

Im Tertiär (vor ca. 65 bis 1,8 Millionen Jahren) kam es dann zu einem raschen Niedergang. Die Ursache dafür dürfte in der Entwicklung der Koniferen und der Angiospermen als Konkurrenten liegen sowie in Klimaperioden mit Trockenheit und Abkühlung. Bis vor ca. 30 Millionen Jahren waren Ginkgoarten auch in Mittel-

Erdgeschichtliche Zeittafel mit Darstellung der stärksten Ginkgo-Vorkommen

IV	KÄNOZOIKUM	Holozän
III	60 000 000	Pleistozän
		Pliozän
		Miozän
		Oligozän
		Eozän
II	MESOZOIKUM	Kreide
	150 000 000	Jura
		Trias
I	PALÄOZOIKUM	Perm
	300 000 000	Karbon
		Devon
		Silur
		Ordovizium
		Kambrium
	PRÄKAMBRIUM	
	4 000 000 000	

europa heimisch. Die Eiszeiten in Europa und Amerika wurden dann den über die ganze Nordhalbkugel bis hinauf nach Grönland verbreiteten Ginkgos zum Verhängnis. Sie drängten diesen außergewöhnlichen Baum bis auf ein ca. 25 km² großes Areal in Süd-China zusammen.

Weil der Ginkgo in unserer Zeit der letzte Überlebende einer einst umfangreichen Gattung ist, hat ihn der Begründer der Selektionstheorie Charles Darwin (1809-1882) als „Lebendes Fossil" bezeichnet.

Innerhalb der wenigen heute noch lebenden Fossilien der Flora (Sequoiadendron giganteum, Metasequoia glyptostroboides, Welwitschia mirabilis) wiederum ist der Ginkgo das älteste „Lebende Fossil". Dass es den Ginkgo heute noch gibt, ist für uns Menschen wie eine Botschaft von einem anderen Stern – eine unvorstellbare Inflation von Zeit, vor allem wenn wir daran denken, wie lange wir Gast auf unserer Erde sein dürfen.

Es gibt nur wenige Bäume weltweit, die ein so charakteristisches Aussehen und eine uns Menschen so faszinierende Wirkung besitzen, wie der Ginkgo biloba.

Es ist seiner exotischen Schönheit, seinem Blattwerk und sicher auch seiner außergewöhnlichen Erscheinung zu verdanken, dass er vor ca. 900 Jahren von

*Ginkgoholz-Versteinerungen aus dem versteinerten Ginkgowald,
Vantage, Washington, USA (ca. 15 Mio. Jahre alt)*

buddhistischen Tempelmönchen wiederentdeckt wurde, die mit einer großen Hochachtung für die Natur und alte Bäume begannen u.a. mit diesem seltenen, imposanten Baum ihre Palastgärten und Heiligtümer zu bepflanzen und so den Ginkgo-Baum wieder verbreiteten.

Durch seine Zweihäusigkeit (männliche und weibliche Bäume) entspricht er dem philosophischen Weltverständnis der Chinesen und Japaner: Maximum und Minimum, Nord und Süd, Ost und West, aktiv und passiv, männliches und weibliches Prinzip, Yin und Yang, Leben und Tod, Gut und Böse. Der Ginkgo wurde hier üblicherweise paarweise gepflanzt.

Erstmals in Schriften erwähnt wurde der Ginkgo in verschiedenen Werken zur chinesischen Flora aus dem 13. Jahrhundert. Es ist anzunehmen, dass bereits damals auch die Blätter und Nüsse des Baumes in der Volksmedizin als Heilmittel gegen allerlei Krankheiten genutzt wurden.

In China werden noch heute Ginkgonüsse traditionell bei Familienfeiern und Hochzeiten gereicht, in dem Glauben, dass der Ginkgo aufgrund seiner Faszination sowohl auf die bösen Geister als auch auf die sogenannten ‚chens', die wohlgesinnten Götter, Einfluss nimmt.

Tempelanlage Kamakura mit „Versteck-Ginkgo", Januar 2003

In Japan gibt es zahlreiche Ginkgoveteranen, manche bis zu 1000 Jahre alt. Viele sind Wahrzeichen für Dörfer und Heiligtümer und als Naturdenkmäler geschützt.

Im Laufe der Jahrhunderte bildeten sich besonders auch in Japan zahlreiche Mythen und Geschichten um diesen Baum. So soll z.B. der Tempel von Tokyo, der vollständig von Ginkgobäumen umgeben ist, nach einem Flammeninferno infolge des großen Erdbebens von 1923 als einziges Gebäude verschont geblieben sein.

Eine weitere Legende erzählt von einem über 1000 Jahre alten Ginkgobaum, der in einer weitläufigen Tempelanlage der ehemaligen Shogunstadt Kamakura nahe Tokyo steht. Im Mittelpunkt des Tsurugaoka-hachimangu-Schreins steht der sogenannte „Versteck-Ginkgo". Er ist heute fast 35 m hoch und hat einen Stammdurchmesser von ca. 17 m. Im Jahre 1219 spielte er eine wichtige Rolle bei einem politischen Machtwechsel, der mit einem Mord begann. Es war der Neffe des diktatorischen und allem Weiblichen aufgeschlossenen 3. Shoguns der Minamoto-Dynastie, der seinem Onkel als Frau verkleidet hinter dem Ginkgobaum auflauerte und ihn dann mit einem Messer erstach. Nach dem Tod des Shoguns übernahm eine andere Dynastie die Herrschaft.

So spielte der Ginkgobaum eine entscheidende Rolle bei dem Übergang von der Minamoto-Dynastie zu den Herrschern der Hojo-Epoche.

Ginkgo im Park von Bad Schachen

In Asien können wir von einem Ginkgokult sprechen, der keine Grenzen kennt. Neben der therapeutischen Nutzung der Blätter und Nüsse als Medizin verwendet man auch das Holz des Ginkgos zum Auskleiden von Häusern und Tempeln, man stellt daraus Brettspiele und Gerichtstische her und verwendet es im alltäglichen Gebrauch noch heute für allerlei nutzbringende Gegenstände, wie zum Beispiel Holz- und Schneidebretter, die einer starken Beanspruchung standhalten sollen und eine lange Lebensdauer garantieren.

Im Kunsthandwerk Asiens erscheint das ausdrucksstarke Motiv des Ginkgoblattes erst relativ spät (ab ca. 1700). Man findet es in alten Familienwappen, als Schmuck für Schwerter, als Verzierung auf Handspiegeln sowie auf Porzellan und Keramik.

Heutzutage ist das symbolhafte Ginkgoblatt aus dem Alltag Japans nicht mehr wegzudenken. Es gilt u.a. als Logo für namhafte Firmen, Universitäten und Institutionen, die alle mit der Form des Blattes für sich werben.

Ginkgo botanisch

von Helga Dietrich,
Botanischer Garten, Universität Jena

Ginkgo biloba tritt als sommergrüner Baum mit aufstrebenden Ästen von etwa 20 bis 30, maximal 40 m Höhe auf. Auffällig sind die im rechten Winkel von der Hauptachse abgehenden, gestauchten Kurzsprosse, an denen sich Ende April/Anfang Mai Blätter und Blüten entwickeln. In seiner Form variiert er beträchtlich, wobei im männlichen Geschlecht die schlanke oder kegelförmige Säulenform, im weiblichen Geschlecht die ausladende Kronenform überwiegt. Natürlich gibt es davon erwartungsgemäß vielfache Abweichungen. Ein gesichertes Bestimmen beider Geschlechter nach der Wuchs-, Blatt- oder Knospenform bzw. nach einem Zeitverzug beim Blattaustrieb, wie öfters postuliert, ist demnach nur schwer möglich.

Charakteristisch sind die Blätter des Baumes geformt. Die Blattspreite ist auffällig gabelnervig (dichotom) und meist ein- bis mehrfach tief eingeschnitten, ein Merkmal, das zu dem Art-Beiwort biloba führte. Diese intensiv grünen, zur Zeit der Herbstfärbung leuchtend goldgelben Blätter sind kahl, schwach bewachst und unterschiedlich groß. Ihre Form sowie die Blattfläche können in Länge und Breite beträchtlich variieren.

Die Verzweigung älterer Bäume ist unregelmäßig und sparrig, die Borke graubraun, längsrissig und oftmals aufgeplatzt. Etwa in einem Lebensalter von 180 bis 200 Jahren können am Stamm oder an dicken Seitenästen sogenannte „chi-chi" („Brust", „Zitze") in Form stalaktitenähnlicher Auswüchse entstehen, die abgenommen zu neuen Bäumchen austreiben können. Ganz selten bilden sie sich bei Bodenberührung an sehr alten Exemplaren zu neuen Seitenstämmen um.

Ginkgo biloba ist außerdem eingeschlechtig, d. h. es treten entweder rein männliche oder weibliche Blüten auf. Diese sind in der Regel auf verschiedene Bäume verteilt, so dass man von Zweihäusigkeit (Diözie) spricht. Sehr selten ist die Erscheinung zu beobachten, dass an einem älteren männlichen Baum plötzlich weibliche Blüten und später im Herbst Samen erscheinen (Einhäusigkeit). Diese spektakuläre Ausnahme ist seit einigen Jahren an einem etwa 180 Jahre alten, männlichen Exemplar im Botanischen Garten Jena und

Der Goethe-Ginkgo – Weimars ältester Ginkgobaum – wurde um 1820 gepflanzt.

einem mehrere Jahrhunderte alten, ebenfalls männlichen Baum in Sendai (Japan) zu beobachten, die nachweislich nicht gepfropft sind. Mitunter wird allerdings in Baumschulen, Friedhöfen, Park- und Gartenanlagen durch Aufpfropfen eines weiblichen Astes auf einem männlichen Baum Samenansatz erzeugt.

Die Blüten erscheinen in den Achseln schuppenförmiger Nieder- oder Laubblätter. Die männlichen Blüten wirken kätzchenförmig; sie tragen an einer verlängerten Achse zahlreiche Staubblätter mit je zwei Pollensäcken pro Ansatz. Mitte, spätestens Ende Mai sind sie nach Erfüllung ihrer Funktion – der Bestäubung weiblicher Blüten – bereits wieder abgefallen und am Baum nicht mehr sichtbar. In manchen Jahren ist der Boden unter einem „Männchen" zu dieser Zeit mit einer dicken Schicht abgefallener Blüten bedeckt. Die weiblichen Blüten weisen dagegen am Ende eines langen, stielartigen Abschnittes gewöhnlich zwei (in seltenen Fällen drei bis mehrere) Samenanlagen auf. Sehr oft entwickelt sich aber nur eine Samenanlage zum Samen weiter. Manchmal kann man aber auch fünf bis sieben

Männlicher und weiblicher (damals SALISBURIA genannter) Ginkgo-Trieb
Aus: Flora Japonica

Tab. 156.

SALISBURIA   adianthifolia.

Samenanlagen mitunter an geteilten Stielen vorfinden – Verhältnisse, die an fossile Ginkgo-Vorfahren erinnern.

Ginkgo blüht in der Nordhemisphäre im Monat Mai. Der auf die „nackte" Samenanlage vom Wind transportierte Pollen wird durch eine schmale Öffnung, die Mikropyle genannt wird, in eine winzige Pollenkammer osmotisch eingesogen, wo er längere Zeit ruht. Erst viel später erfolgt die Befruchtung der Eizelle durch sogenannte Spermatozoiden, die vorher in den auskeimenden, winzigen Pollenkörnern gebildet wurden und denen der ebenfalls urtümlichen Palmfarne (Cycadeen) ähneln.

Nach erfolgreicher Befruchtung, oftmals Monate nach der Bestäubung, entwickeln sich zwischen September bis November zahlreiche rundliche, mirabellenähnliche, etwa zwei bis drei cm große Samen an den weiblichen Bäumen. In manchen Jahren treten sie fast zentnerweise auf, in anderen nur vereinzelt oder gar nicht. Die Gründe für solche auffälligen Schwankungen sind noch unbekannt, denn erkennbare klimatische Ursachen konnten bisher nicht festgestellt werden. Aber auch wenn die Samenanlagen anschwellen und sich gelb färben, kann man zu diesem Zeitpunkt noch nicht gesichert sagen, ob es sich bei diesen Gebilden nur um vergrößerte Samenanlagen oder bereits reife Samen mit entwickelten Embryonen handelt.

Diese bestehen aus einer äußeren, dickfleischig-weichen Schicht, die man Sarcotesta nennt, und einer inneren versteinerten, weißlichen, 2- oder 3-kantigen, die Sclerotesta heißt und demzufolge keinen Steinkern, wie oftmals genannt, darstellt. Erstere verströmt beim Zerquetschen oder Verfaulen wegen des hohen Anteils von Butter-, Valerian- und Capronsäure einen üblen Geruch, weshalb weibliche Ginkgos als Allee- und Straßenbäume, aber auch aus Verkehrssicherheitsgründen (Rutschgefahr) meist nicht geschätzt sind.

Die Embryonen mit ihren zwei Keimblättern sind reich an Reservestoffen und ermöglichen dadurch potentiell eine schnelle Keimung. Die Keimungsrate schwankt allerdings beträchtlich (zwischen neunzig und null Prozent). So bleibt auch der Keimungserfolg, vor allem in Mitteleuropa, ungewiss. Trotzdem wird Ginkgo vorwiegend generativ, also aus Samen, vermehrt.

Die Aussaat sollte günstiger Weise im Herbst des Erntejahres erfolgen, dann ist die Keimungsrate meist am höchsten. Ob mit oder ohne äußere Samenhülle ausgesät wird, ist dabei bedeutungslos. Man legt die Samen bzw. die von der versteinerten Innenschicht umgebenen Embryonen in Tonschalen, Glas- oder andere Behältnisse mit feuchtem Substrat (Sand, feuchtes, saugfähiges Papier u.a.). Das Optimum des pH-Wertes, auch bei späteren Pflanzungen, liegt im neutralen Bereich, also bei Werten um 7. Es zeigte sich aber, dass ebenfalls Werte im schwach sauren bzw. schwach alkalischen Bereich toleriert werden. Unter frostfreien Bedingungen keimen reife Samen meist schon nach kurzer Zeit. Während ältere Ginkgobäume eine erstaunliche Widerstandsfähigkeit gegen andauernde, auch tiefer gehende Bodenfröste zeigen, sollten dagegen junge Pflanzen im Frühjahr vor Spätfrösten geschützt werden.

Ginkgo lässt sich auch vegetativ über im Frühjahr geschnittene Stecklinge vermehren. Allerdings benötigt man dazu viel Erfahrung und Fingerspitzengefühl, auch fallen die Anwachserfolge sehr unterschiedlich aus. Wegen der großen Nachfrage im Gartenbau existieren inzwischen bereits zahlreiche Ginkgo-Sorten. Die bekanntesten sind: ‚Laciniata' mit vielfach eingeschnittenen, federig gekrausten Blatträndern, ‚Saratoga' mit stark zerschlitzten Blättern, ‚Pendula' mit einer hängenden Schirmform, ‚Fastigiata', ‚Columnaris' und

Ältester Ginkgobaum Thüringens –
der Goethe-Ginkgo in Jena im Oktober 2002

,*Mayfield*' mit extrem schlanken, an Säulenzypressen erinnernden Wuchs, ,*Aurea*' mit immer goldgelben Blättern, nicht nur zur Zeit der Laubfärbung, ,*Variegata*' mit unregelmäßig gelb-grün gestreiften Blättern, ,*Autumn Gold*' mit auffälligem Herbstlaub, auch ,*Fairmount*' und ,*Tremonia*' mit schmaler Säulenform bei guter Herbstfärbung, ,*Tit*' mit kompaktem Wuchs und einem knotigen, Blätter tragenden Stamm, ,*Horizontalis*' mit flach ausgebreitetem Zwergwuchs und schließlich ,*Tubifolia*' mit oftmals trichterförmig verwachsenen Blättern.

Für Gartenfreunde, die einen Ginkgo pflanzen möchten, sind neben den Standortansprüchen aber auch die zu erwartende Wuchsleistung und das Wurzelsystem wichtige Parameter für die Wahl des Pflanzortes. Zufällige Beobachtungen an Altgehölzen (z.B. bei Straßenausbau, Verpflanzungen) ergaben, dass sowohl kräftige Senkwurzeln als auch ausgebreitete Flachwurzeln bis über den Kronentraufenbereich hinaus auftraten.

Doch Ginkgo ist nicht nur ein beliebtes Gehölz für Solitär- und Alleepflanzungen. Er wird auch als Nutzholzbaum in Asien sehr geschätzt, liefert er doch ein relativ hartes, sehr helles, fein gemasertes Holz mit hohem Ligningehalt. Im allgemeinen werden dieses

Herbstliche Ginkgo-Allee in Osaka

Holz und seine daraus gewonnenen Produkte nicht von spezifischen Schädlingen befallen.

Vielfache Verwendung finden auch die Samen. Die von der Sclerotesta umgebenen Embryonen, als „weiße Nüsse", „Kerne" oder „Silbermandeln" bezeichnet, gelten in vielen Ländern Asiens, vor allem in China und Japan, unter den Handelsnamen „pa-kewo" bzw. „baiguo" („weiße Frucht") als Delikatesse. Sie sind außerordentlich reich an Reservestoffen und enthalten bis zu 67% Stärke, etwa 15% Proteine, etwa 3% Fett, 1-2% Pentosane sowie 1% Faserstoffe. Diese Zusammensetzung garantiert, ungeröstet, geröstet, gebacken oder gekocht, eine nahrhafte und verdauungsfördernde Speise. Man könnte den für Mitteleuropäer ungewohnten Geschmack als harzig-nussig, Maronen und Kartoffeln ähnelnd bezeichnen.

Die gefärbten oder gerösteten „Nüsse" haben eine besondere rituelle Bedeutung und dürfen in Asien bei keiner Hochzeitsfeierlichkeit fehlen. Die fleischige Sarcotesta wird in Asien nicht entsorgt, sondern in der Volksmedizin gegen übermäßige Schleimbildung, verringerte Spermienproduktion und Alkoholmissbrauch, aber auch bei Asthma, Husten, Reizblase und Wurmleiden verwendet. Aufgrund des hohen Gerbsäuregehaltes ist sie auch zum Gerben von Leder einsetzbar.

In zurückliegenden Zeiten wurden die zerstoßenen, weichen Hüllen in China auch als billiges Waschmittel genutzt.

Nicht nur früher, sondern verstärkt gegenwärtig und außerhalb Asiens werden sowohl Embryonen als auch die Sarcotesta, aber auch Blattextrakte zu kosmetischen Präparaten (Shampoos, Seifen, Hautcremes gegen Faltenbildung, Pigmentflecken, für geschmeidige, straffe Haut usw.) verarbeitet. Das Samenöl dagegen wird nicht nur in der Kosmetik, sondern auch als Brennöl verwendet. In manchen Ländern, z.B. den USA, werden neuerdings sogar Powerriegel zur Verbesserung der Gedächtnisleistung angepriesen; sie sollen auch deutlich den Intelligenzquotienten erhöhen!

Engelbert Kaempfer und der Ginkgo

Als erster Europäer berichtete Ende des 17. Jahrhunderts der deutsche Arzt Engelbert Kaempfer von dem Ginkgobaum. Er begegnete dem seltsamen Baumveteranen während einer zweijährigen Forschungsreise nach Japan, die er im Auftrage der holländischen Vereinigten Ost-Indien-Gesellschaft (VOC) unternahm. Von 1690 bis 1692 arbeitete er auf der kleinen, künstlich angelegten Insel „Deshima", die vor der Küste Nagasakis liegt. Dort war seinerzeit der einzige offene Hafen für ausländische Schiffe und von dort aus durfte er zwei Reisen – nach Edo (heute Tokyo), zum Hofe des Shogun – unternehmen.

Es ist ziemlich sicher, dass Kaempfer im Februar 1691 das erste Mal in seinem Leben einen Ginkgobaum in Nagasaki gesehen hat. Hier sah er auch, dass die Menschen die Nüsse des Ginkgobaumes u.a. nach einer Mahlzeit aßen, um die Verdauung zu fördern. Das berichtete er in seiner „Beschreibung des japonischen Reiches", enthalten in seinem berühmtesten Werk „Amoenitatum Exoticarum" (Lemgo, 1712), welches zusammen mit seinen vielzähligen anderen Notizen und Berichten im Britischen Museum in London aufbewahrt wird.

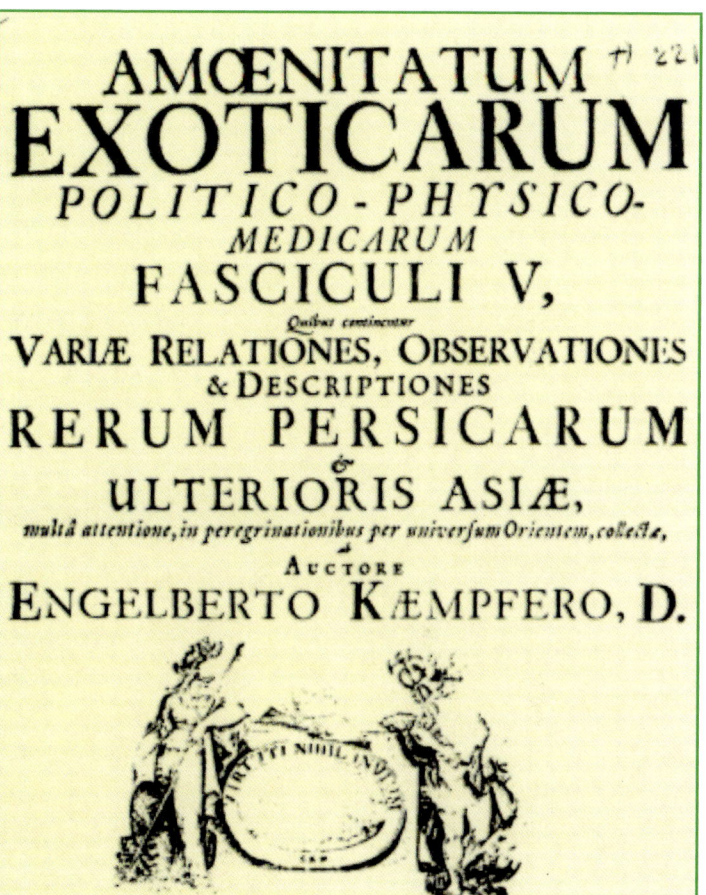

AMŒNITATUM
EXOTICARUM
POLITICO - PHYSICO-
MEDICARUM
FASCICULI V,

Quibus continentur

VARIÆ RELATIONES, OBSERVATIONES
& DESCRIPTIONES

RERUM PERSICARUM
&
ULTERIORIS ASIÆ,

multâ attentione, in peregrinationibus per universum Orientem, collectæ,

AUCTORE

ENGELBERTO KÆMPFERO, D.

Titelblatt des berühmten Kaempfer-Werkes

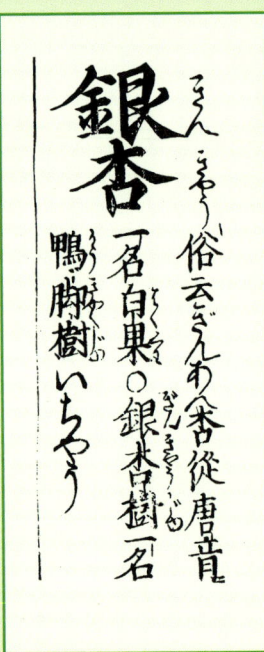

Ginkgo oder Gin an, volkstümlich Itsjó

Übersetzung aus Amoenitatum Exoticarum (E. Kaempfer, 1712)

Ein nusstragender Baum mit Venushaarfarn-ähnlichen Blättern.

Er erreicht die stattliche Grösse eines Walnussbaums, hat einen langen, gradlinigen, dicken Stamm mit vielen Ästen und eine aschgraue, im Alter rauhe, rissige Rinde. Sein Holz ist leicht, weich und schwach, das Mark zart und schwammig.

Die Blätter sitzen wechselweise an den Zweigen, und zwar einzeln oder zu mehreren (drei oder vier) an einer Stelle; ihre Stiele sind ein Zoll bis eine Handbreit lang (etwa 2,5 bis 7,5 cm), an der Oberseite zusammengedrückt und gehen in das Blatt (die Blattspreite) über. Das Blatt ist anfangs schmal, wird aber nach einem kurzen Stückchen drei oder vier Zoll breit und ähnelt dabei dem Blatt des Venushaarfarns; sein äusserer Rand ist bogenförmig, unregelmässig eingebuchtet und in der Mitte tief eingeschnitten; es ist dünn, glatt, unbehaart und von dunkelgrüner Farbe, wird aber im Herbst gelb, mit einem Stich ins Rotbraune; es ist streifenförmig von zarten Rippen durchzogen und hat ansonsten keine Fasern oder Nerven; das Blatt ist äquifazial (beide Oberflächen sind gleichgestaltet), aber an der Ansatzstelle oben eingetieft. Im Spätfrühling erscheinen an den Zweigen der Krone ziemlich lange, hängende Kätzchen mit Blütenstaub.

An einem fleischigen, kräftigen Stiel, der ein Zoll lang ist und aus demselben „Schoss" wie die Blattstiele hervorkommt, hängt die Frucht, sie ist ganz rund oder länglich-rund, hat die Form und die Grösse einer Damaszener Pflaume (Zwetschge) und eine unebene, mit der Zeit gelb werdende Oberfläche. Die Fruchthülle ist fleischig, saftig, weiss und recht herb; sie haftet sehr fest an der von ihr umschlossenen Nuss, so dass sich diese nicht herauslösen lässt, es sei denn, man lässt die Fruchthülle im Wasser faulen und drückt dann die Nuss heraus, wie man es auch bei der Betelnuss macht. Die Nuss selbst heisst Ginnaù (Ginnan) und ähnelt einer Pistaziennuss (insbesondere derjenigen, die die Perser „Bergjès Pistài" nennen), ist aber fast doppelt so gross. Sie hat das Aussehen eines Aprikosenkerns und besitzt eine dünne, zerbrechliche, weissliche holzige Schale; darin liegt locker ein weisser, ungegliederter Kern, der die Süsse der Mandel mit einem herben Geschmack verbindet und ziemlich hart ist.

Nach einer Mahlzeit gegessen, sollen die Kerne die Verdauung fördern und den vom Essen aufgeblähten Bauch wieder erschlaffen; deshalb fehlen sie niemals zum Nachtisch eines üppigen Mahles.

Sie dienen auch als Zutaten zu verschiedenen Speisen, nachdem man ihnen durch Kochen oder Rösten ihren herben Geschmack genommen hat. Die Nüsse sind recht preiswert: Ein niederländisches Pfund (ca. 480 g) kostet etwa zwei Drachmen (ca. 7,5 g) Silber.

Übersetzt von W. Caesar

Engelbert Kaempfer beschrieb als Erster den Ginkgo und andere Pflanzen umfassend für die westliche Welt. Bei ihm wurde diese Disziplin zur Leidenschaft, was vielleicht auch daran gelegen haben mag, dass zu seiner Zeit die Ärzte immer auch Botaniker sein mussten. Der Ginkgobaum hatte damals in Japan viele Namen, die alle davon zeugen, wie der Baum stets die Phantasie seiner Betrachter anzuregen vermochte.

Als „Ginkyo (Silberaprikose)" oder „Itchio (Entenfuß)" wurde er im Japanischen bezeichnet. „Itchio" wird er noch heute in Japan genannt, sicher eine Anspielung auf die außergewöhnliche Blattform.

Dass er bei uns unter dem Namen Ginkgo bekannt geworden ist, geht wahrscheinlich auf einen sich hartnäckig haltenden Schreibfehler zurück, der entweder Engelbert Kaempfer bei der Transkription des Namens aus dem Japanischen (Ginkyo–Ginkgo) ins Lateinische unterlief oder sich beim damaligen Druck des Werkes eingeschlichen hatte.

Später wurde der Name so von Carl von Linné für sein botanisches Klassifikationssystem übernommen und

Früchte und Herbstlaub des Ginkgo

um den Zusatz „biloba" erweitert, welches für die Zweilappigkeit der Blattform steht.

Andere uns bekannte Namen – um nur einige zu nennen – sind:

Salisburie, Silberaprikose, Weißnußbaum, Mädchenhaarfarn, Großvater-Enkel-Baum, japanischer Nußbaum, Vierzig-Taler-Baum, Fächerblattbaum, Entenfußbaum, Golden-tree-Baum, Goethebaum.

Engelbert Kaempfer war es auch, der von seiner Japanreise die ersten Ginkgosamen auf abenteuerliche Art mit nach Europa brachte.

Es war zu dieser Zeit bei Todesstrafe verboten, aus Japan Produkte und Waren jedweder Art mit außer Landes zu nehmen. Es gelang ihm, unbemerkt einige Samen in seiner Jackentasche zu verstecken und auf die Heimreise mitzunehmen. So schmuggelte Kaempfer den Ginkgo wieder nach Europa.

Im botanischen Garten in Utrecht in den Niederlanden steht heute einer der ältesten Ginkgobäume Europas (ca. 1750).

Seinen Siegeszug begann der Weltenbaum dann im Jahre 1754 erfolgreich über England, die Botanik-

Einer der ältesten Ginkgobäume in Europa ist der Ginkgo im Botanischen Garten der Universität in Utrecht. Gepflanzt ca. 1750.

schule Gordon und etwas später die Botanischen Gärten „Kew Gardens" (1762), die den Ginkgo zu dieser Zeit wieder großflächig kultivierten. Von dort und auch von Japan aus hat er sich in andere europäische Länder ausgebreitet - später im Jahre 1784 auch nach den USA in die William Hamilton's Gardens in der Nähe von Philadelphia.

Kaempfer erforschte jedoch noch ein weiteres, interessantes Phänomen.

So ist überliefert, dass er auch während seines Aufenthaltes in Japan, bei der Stadt Hakone in der Nähe des Berges Fuji u.a. den Venus- oder Frauenhaarfarn (Adiantum) gesammelt hat, dessen Blätter aussehen wie Mini-Ginkgoblätter. Man nutzte die Blätter zur vor- und nachgeburtlichen Gesundheitspflege bei Frauen.

Da die Farne entwicklungsgeschichtlich noch älter sind als die ersten Bäume, sehen die Wissenschaftler heute u.a. in diesem seltenen Farn einen legitimen Vorfahren der Ginkgobäume.

Der zarte und empfindliche Frauenhaarfarn besitzt hellgrün gefärbte, kleine Blätter, die im Umriss etwa

Adiantum capillus-veneris (Frauenhaarfarn)
Aus: Flora von Deutschland, Österreich und der Schweiz

XXIV.

2. *Polypodiaceae.*

1

2

an

4

sf

bl.

v

z

3

5

A

ar

w

Frauenhaar.

4. *Adiantum capillus Veneris L.*

eiförmig und 2-4fach gefiedert sind. Der dünne, bis zu 20 cm lange Blattstiel ist glänzend schwarz gefärbt und trägt am Grund Spreuschuppen. Er kommt in der Natur heute noch vor allem in Höhlen von Lavafelswänden oder an Hängen von Flusstälern subtropischer Gebiete im Mittelmeerraum oder in Südamerika vor.

Uns begegnet er heutzutage in Gärtnereien als anspruchsvolle Zimmerpflanze, die torfhaltigen Boden liebt, keinesfalls Zugluft oder Trockenheit verträgt, damit die zarten Blätter nicht eintrocknen.

Nach seiner Rückkehr aus Japan reiste Kaempfer über Leiden in Holland, wo er seine medizinische Promotion erhielt, in seine Heimat Lemgo zurück. Hier veröffentlichte er 1712 u.a. sein berühmtes, noch heute viel beachtetes Werk *Amoenitatum Exoticarum*.

Chi-chi (Zitzen) Bildung an einem alten Ginkgobaum

Auf den Spuren der Ahnen

Die Verbreitung des Ginkgo in Ostasien hat sicher religiöse und philosophische Gründe; zweifelsohne spielt aber auch die Achtung vor der Natur und insbesondere vor sehr alten Bäumen eine Rolle. Die Bedeutung des Ahnenkultes in den Zivilisationen des Fernen Ostens ist bekannt und Chinesen und Japaner lieben es seit jeher, ihre Paläste und Heiligtümer mit urwüchsiger Natur zu schmücken und Doppeldeutigkeiten symbolisch darzustellen.

In Japan und Korea wurde der Ginkgo zur selben Zeit eingeführt wie in Nordchina, d.h. im 11. Jahrhundert, der Blütezeit des Buddhismus. Im gesamten Fernen Osten wird der Ginkgo trotz einiger zweckgebundener Verwendungsarten vor allem als verehrungswürdiger Baum angesehen.

Wer auf den Spuren des Ginkgobaumes und seiner Vorfahren nach Japan reist, entdeckt ein Land voller Extreme – und das war schon immer so. Jahrhundertelang wechselten sich blutige Auseinandersetzungen und Machtkämpfe sowie gegenseitige Vernichtungskriege der herrschenden Clans ab, bevor sich letztlich zwischen 1600 und 1850 eine Politik der nationalen Einheit durchsetzte, die jedoch in einer selbst aufer-

Stattlicher Ginkgobaum im Innenhof des Nishi-hongwanji-Tempels in Kyoto, Januar 2003

legten totalen Isolation endete. Während dieser Zeit schottete sich Japan vom Rest der Welt fast gänzlich ab.

Als 1853 der amerikanische Kommandant Perry das Land in kriegerischer Auseinandersetzung besiegte und zur Öffnung nach Westen zwang, begann man sich in Japan eilig und eifrig über die fortgeschrittene Entwicklung in der westlichen Welt zu informieren.

1868 stellte die Nation die Macht des Kaisers erneut her und Nippon öffnete seine Tore weit für neues Denken und westliche Technologie.

Die Welle dieser dann schnell einfließenden Neuerungen stellte die traditionelle japanische Welt auf den Kopf. Nachdem sich Japan auf eine unnachahmliche Weise von den verheerenden Folgen des Zweiten Weltkrieges erholt hat und heute zu einer der wirtschaftlichen Supermächte der Welt geworden ist, überrascht es einen Europäer, wie viel von der ehemaligen traditionellen Welt in Wissenschaft, Kultur und Alltag erhalten geblieben ist. Es ist vor allen Dingen der Umstand des Nebeneinanders von leidenschaftlich praktizierter kultureller Tradition und perfekter Hightech-Mentalität, der dem Reisenden das unabänderliche Gefühl gibt, sich in einem Land verwirrender Gegensätze aufzuhalten. In einem Land, wo sich mit-

Foto des Hiroshima-Ginkgo, der ca. 800 m vom Zentrum der Atom-bombenexplosion 1945 entfernt stand und fast völlig verbrannte. Im folgenden Frühjahr trieb der Baum als einer der ersten neu aus. Er ist in Japan heute Hoffnungssymbol für eine friedlichere Welt.

ten in endlosen Vorstädten die sensiblen Konturen eines Tempeldaches abzeichnen und sich im Schatten dominanter und futuristischer Wolkenkratzer winzige Snackbuden und mit den typischen roten Laternen einladende traditionelle Gasthäuser drängen.

Städte wie Tokyo, Yokohama oder Osaka zeigen sich manchmal wie überfüllte, hoffnungslos verstopfte, aber hochtechnisierte Visionen aus der Retorte. Dagegen wirken die alten Shogunstädte Kyoto, Kamakura oder Kara wie eine exotisch-romantische, fast versunkene Welt. Alle diese extremen Kontraste machen das Bild Japans so widersprüchlich und reizvoll. Kein anderes Land der Erde regt unsere Phantasie in ähnlich naiver und verwirrender Weise an.

Am besten nähert man sich diesem Land, wenn man die eigenen vorgefassten Vorstellungen zu Hause lässt und sich – wie schon in der Lehre des Zen vorgegeben – im Hier und Jetzt auf die Suche nach dem Mythos Ginkgo begibt. Die Spur führt direkt in die Traditionen dieses Kulturkreises.

Japanischer Zen-Garten im Ginkakuchi-Tempel in Kyoto

Irgendwo zwischen der eigenwilligen, eleganten Förm-
lichkeit japanischer Benimm- und Höflichkeitsregeln,
z. B. beim Zelebrieren des unverzichtbaren Tässchens
grünen Tees, geben selbst Japaner nach ein paar Gläs-
chen warmem Sake zu, dass der Ginkgo auch für sie
selbst ein besonderer, ein ganz wichtiger Baum ist. Mit
viel Glück kann es gelingen, dass zum Sake sogar die
begehrten ‚Ginnan' gereicht werden, geröstete Ginkgo-
Nüsse.
Die asiatische Lebensphilosophie – die Lehre des Zen,
die Philosophie des Yin und Yang – ist immer mit dem

starken Einfluss und dem Gleichklang der Natur, auch mit der beeindruckenden Lebenskraft und Schönheit von exotischen Pflanzen und Bäumen, besonders des Ginkgobaumes verknüpft. Die Stätten der Meditation und geistigen Sammlung, gleich ob abseits der boomenden Metropolen oder aber inmitten des hektischen Lebens, befinden sich in Japan immer an Orten, die in vielerlei Hinsicht erwähnenswert sind. Sie sind grandios, pittoresk, romantisch oder poetisch angelegt und tragen bei zur Schönheit und Leichtigkeit der Landschaft, so wie der Mensch sie ehemals gestaltet hat. Immer ist ein Ginkgobaum inmitten oder am Rand einer solchen Anlage gepflanzt. Darüber hinaus säumen Ginkgos ganze Straßenzüge als Baumalleen in Großstädten wie Tokyo, Yokohama oder Osaka, die besonders im Herbst sehenswert sind, wenn ihr Blätterkleid die Straßenzüge in einem leuchtenden Goldton erstrahlen lässt.

Die traditionelle Haartracht der Sumo-Ringer während eines Kampfes heißt Ginkgo, da der Kopfschmuck die Form eines Ginkgoblattes symbolisiert. Beendet ein Kämpfer nach erfolgreicher Karriere seine Laufbahn, wird ihm nach seinem letzten Kampf vor versammeltem Publikum der Ginkgo abgeschnitten. Als Erinnerung an seine ruhmreiche Laufbahn bewahrt der Kämpfer diesen dann auf.

In Tokyo ist das Ginkgoblatt symbolträchtiges Logo der Stadtverwaltung. Es prangt u.a. über dem Eingang der Tourist-Information, an den U-Bahn-Zügen und -wagen sowie den kommunalen Fahrzeugen und der Dienstkleidung der Mitarbeiter. Inmitten der wuchtigen Doppeltürme des Tokyoer Rathauses ist ein weithin sichtbares, riesiges Fenster in Form des stilisierten Ginkgoblattes installiert. Besuchern des Rathauses weht das Blatt als Logo auf einer großen, weißen Fahne am Foyer entgegen. Alle Universitäten in Tokyo haben entlang ihrer Zufahrt immer eine Ginkgoallee aus prächtigen männlichen und weiblichen Bäumen.

Das symbolträchtige Ginkgoblatt leitet durch die Stadt.

Junge Ginkgobäume säumen häufig die Ränder von Wegen, die die unendlichen Reisfelder des Landes durchziehen, eines Landes mit harmonischem Charme, friedlich, doch rätselhaft, des Landes der aufgehenden Sonne. Der Shintu-Glauben der Japaner besagt, dass sich vor langer Zeit der Gott Wan Nung dieses Land als seinen Wohnsitz aussuchte und es ‚Shosun' (das Land des ruhigen Morgens) genannt hat.

Der Mensch lebt wie die Natur, wie der Baum zwischen Himmel und Erde und muss sich seiner Umgebung anpassen.

Eng verbunden mit dieser Lebenseinstellung ist auch die Gesundheitsvorsorge der Asiaten.

‚Verhindere die Krankheit, bevor sie eintritt – das ist der Schlüssel der Medizin' heißt es schon in dem ältesten medizinischen Werk Japans, dem Ishin-hô (Im Herzen der Medizin), welches seit dem 11. Jahrhundert in einer der fast 2000 Tempelanlagen Kyotos sicher aufbewahrt wird.

Bildnis eines japanischen Kräuter-Meisters über dem Eingang zu einem Kräuterladen in der Fußgängerzone von Kyoto (oben).
Verkaufsstand für Ginkgoprodukte im Erdgeschoss des World Trade Centers, Tokyo (unten).

Man findet überall in den großen Städten, aber auch auf dem Lande Kräuterläden und Verkaufsstände, die allesamt Naturheilmittel zum Schutz vor Erkrankungen anbieten.

Der Ginkgobaum ist hier Hauptlieferant für Gesundheitsmittel zur Krankheitsvorsorge.

Man kann sogar im Erdgeschoss des hypermodernen, 50stöckigen World Trade Centers, mitten in Tokyo an einem kleinen Kräuterstand Ginkgoprodukte als Tee, Dragees oder Tinktur kaufen. Besonders beliebt sind auch Beigaben von Ginkgonüssen in Desserts, Saucen und Salaten.

Ginkgo ist im asiatischen Lebenskreis so fest verwurzelt wie in Europa z.B. die Kamille, der Knoblauch, die Buche und die Eiche.

Symbolträchtiger Alltag Japans
Mittleres Bild: Tierkreiszeichen des chinesischen Kalenders, gefertigt aus ausgehöhlten Ginkgonüssen

お葉つきいちょう

森はな作●梅田俊作画

Ginkgo literarisch

Sakura heißt „Kirschblüte", es ist in Japan ein beliebter, poetischer Mädchenname. Und es gibt ein bezauberndes Märchen vom kleinen Mädchen Sakura und dem mächtigen Ginkgobaum.

Sakura und der Ginkgobaum
Ein Märchen aus Japan

Es war einmal ein großer Ginkgobaum, dessen Zweige reckten sich zur Bergspitze. An seinem Fuße stand ein kleiner Schrein. Dort wohnten ein alter Mann und ein Mädchen. Das Mädchen hörte auf den Namen Sakura, das bedeutet Kirschblüte.

Sakura war wunderschön und sie hatte ein gutes Herz, alle Menschen liebten sie und sagten, Sakura wäre ein Geschenk des Himmels. Die Leute kamen zum Schrein und beteten dort zum Gott der Affen, dass auch sie so schöne und bezaubernde Kinder bekommen, wie Sakura eines ist.

Als Sakura 13 Jahre alt wurde, schenkte ihr der alte Mann eine Querflöte und lehrte sie darauf zu spielen, denn er war ein Meister dieses Instrumentes. So spiel-

さくらは　十三になった。
おじいさんは　さくらに　横笛を　おしえた。
おじいさんは　横笛の　名人だった。
さくらは、ふしぎな力で　上達した。

te Sakura forthin jeden Abend auf ihrer Querflöte. Die Menschen erfuhren davon und kamen, um sie spielen zu hören. Sie saßen unter dem großen Ginkgobaum und lauschten der Musik, die sie alle verzauberte. „Solch wunderbare Klänge", sagten sie, „Sakura ist ein Engel".

Sakura spielte Abend für Abend. An einem lauen Frühlingsabend, an ihrem 15. Geburtstag, spielte Sakura wieder auf ihrer Flöte, doch plötzlich hielt sie inne. Der Vollmond war über dem großen Ginkgobaum aufgegangen und tauchte die Landschaft in silbernes Licht. Sakura saß wie erstarrt und betrachtete die zauberhafte Landschaft. Unweit des Baumes sah sie einen schönen Jungen stehen, der zu ihr herübersah. Sakuras Herz klopfte bei seinem Anblick. Sie griff wieder zu ihrer Flöte und spielte weiter. Plötzlich war der Junge verschwunden.

Heinrich Georg Becker

Ginkgo – Weltenbaum

Wanderer zwischen den Zeiten

Trotz gewissenhafter Bearbeitung kann eine Haftung für den Inhalt nicht übernommen werden. Für aktuelle Ergänzungen und Anregungen ist der Verlag jederzeit dankbar.
Wir bedanken uns bei allen, die uns unterstützt haben.

© 2003 BuchVerlag für die Frau GmbH
Gerichtsweg 28, 04103 Leipzig
Tel.: 0341 / 49 35 74 - 0, Fax: 0341 / 49 35 74 - 40
www.buchverlag-fuer-die-frau.de

Vorwort und Kapitel „Ginkgo botanisch":
Hochschuldozentin Dr. Helga Dietrich,
wissenschaftliche Leiterin des Botanischen Gartens Jena
Einband: Christine Paxmann, München
Bildnachweis: Seite 95
Satz und Reproduktion: Lore Jacobi, Jesewitz
Gesamtherstellung: UAB BALTO print

Printed in Lithuania
www.buchverlag-fuer-die frau.de

8. Auflage 2023
ISBN 978-3-89798-080-8

Am nächsten Abend und den darauffolgenden Nächten wiederholte sich dieselbe Szene. Sakura spielte auf ihrer Querflöte und der Junge hörte zu, bis er irgendwann im Nichts verschwand.

Eines Abends im Mai jedoch erstrahlte der Ginkgo in einem ganz besonderen Licht. Ein Weg öffnete sich vor Sakura und führte direkt zum Baum. Es regnete, aber Sakura fror nicht.

Der schöne junge Mann stand am Ende des Weges, ganz nah am großen Ginkgobaum und sagte: „Komm mit mir, Sakura."

Der alte Mann trat aus dem Haus und beobachtete, wie Sakura im weißen Hochzeitskleid den hellen Weg durch den Regen schritt, ohne nass zu werden. Er sah sie zu dem Jungen gehen, seine Hand ergreifen und dann traten beide durch ein hellgrünes Licht in den großen Ginkgobaum hinein.

„Sakura" rief der alte Mann, „Sakura, nun bist du wieder zu Hause. Du bist die Nymphe vom Ginkgobaum. Ich habe Dich vor 15 Jahren am Fuße dieses Baumes gefunden und jetzt bist du wieder zum Baum zurückgekehrt. Ich bin glücklich, weil ich weiß, dass es dir gut geht." Am Tag darauf verließ der alte Mann den Schrein, keiner wusste, wohin er gegangen war und niemand hat je wieder etwas von ihm gehört.

庚申堂は、山の神さまだといわれる　サルを
まつった　お堂。

　たくさんの　ごりやくが　あるといって、村人は
庚申さんを　たいせつに　おまつりしていた。
　遠くの　村から　おまいりにくる人も　多く、
さくらの　愛らしい姿に　手を合わせ、
「あんな　かわいい　女の子が　生まれますように」
「あんな　やさしい　女の子が　生まれますように」
と、おがんでいく　人もあった。

Doch manchmal, wenn im Sommer der große Ginkgobaum seine Früchte ausbildet, schickt er ein paar Blätter zur Erde, auf denen eine kleine Ginkgofrucht fest-
gewachsen ist. Und wer ganz genau hinsieht, kann
vielleicht die kleine Sakura auf einem der Blätter sitzen sehen.

Übersetzung: Ginkgo-Museum

Ginkgo in der Goethezeit

Anders als in Asien, wo der Ginkgobaum aufgrund seines hohen Alters, der Heilkräfte seiner Blätter und Nüsse und seines prächtigen Erscheinungsbildes verehrt wurde und bekannt war, verdankt er in Europa seinen besonderen Stellenwert einem Dichter.

Kein Geringerer als Goethe hat dem Ginkgo in Literatur, Kunst und Alltag Bedeutung verschafft. Auslöser dafür war sein 1815 entstandenes Gedicht „Ginkgo biloba" und seine rasch Verbreitung findende Sitte in Briefen oder Mitteilungen getrocknete Ginkgoblätter zu verschenken.

Das Gedicht widmete er als Zeichen seiner tiefen Liebe und Verehrung der verheirateten, sehr gebildeten Frankfurter Bankiersgattin Marianne von Willemer. Sie stand mit Goethe während seiner Arbeit am „West-Östlichen Diwan" in regem Gedankenaustausch und wurde so zur Muse dieses Werkes. Sie selbst verfasste im gleichen orientalischen Stil drei Gedichte, die nicht nur von der erwiderten Zuneigung zu dem Dichter zeugen, sondern ihm in ihrer Qualität ebenbürtig sind. Goethe fügte diese Gedichte in den Zyklus ein, ohne die eigentliche Autorschaft zu nennen.

Ginkgo biloba

Dieses Baums Blatt, der von Osten
Meinem Garten anvertraut,
Giebt geheimen Sinn zu kosten,
Wie's den Wissenden erbaut.

Ist es Ein lebendig Wesen,
Das sich in sich selbst getrennt?
Sind es zwey, die sich erlesen,
Daß man sie als Eines kennt?

Solche Frage zu erwiedern,
Fand ich wohl den rechten Sinn;
Fühlst du nicht an meinen Liedern,
Daß ich Eins und doppelt bin?

Johann Wolfgang von Goethe, September 1815

In Heidelberg weilend, schrieb Marianne von Willemer einen Brief an Goethe, dem sie ein selbst verfasstes Gedicht beilegte (Auszug):

An der Terrasse hohem Berggeländer
War eine Zeit sein Kommen und sein Gehn,
Die Zeichen, treuer Neigung Unterpfänder,
Sie sucht ich und ich kann sie nicht erspähn.

Dort jenes Baumsblatt, das aus fernem Osten
Dem westöstlichen Garten anvertraut,
Gibt mir geheimnisvollen Sinn zu kosten
Woran sich fromm die Liebende erbaut.

O schließt euch nun ihr müden Augenlider.
Im Dämmerlichte jener schönen Zeit
Umtönen mich des Freundes hohe Lieder,
Zur Gegenwart wird die Vergangenheit.

Schließt euch um mich ihr unsichtbaren Schranken
Im Zauberkreis, der magisch mich umgibt,
Versenkt euch willig, Sinne und Gedanken,
Hier war ich glücklich, liebend und geliebt.

Marianne von Willemer, August 1824

Goethe wurde im Rahmen seiner botanisch-naturwissenschaftlichen Studien auf den Ginkgo biloba nicht nur durch die exotisch-romantische Blattform, sondern auch durch dessen erstaunliche Geschichte und ungewöhnlichen Besonderheiten aufmerksam.

Seinen Forschungen kam ein neuer Trend zugute, der sich in Europa durchzusetzen begann. Exotische Pflanzen und Bäume wurden eingeführt, um den Gärten und Parks vieler Herrensitze und Orangerien neuen Glanz zu geben.

Eine solche, über die Grenzen Deutschlands hinaus anerkannte Orangerie befand sich zur Zeit Goethes auch im Weimarer Schlosspark von Belvedere. Goethe war maßgeblich in die Umgestaltung des Ilm-Parks von einem barock angelegten Garten zu einem zukünftigen englischen Landschaftsgarten einbezogen.

So wurden im Zuge der Neugestaltung des Parks in den Jahren 1810-1820 zunächst weitere Lauben und künstliche Ruinen gebaut, Felslandschaften und Teiche angelegt sowie exotische Pflanzenkulturen aufgezogen.

In Goethes Garten, bei seinem Haus am Frauenplan wuchsen seit dieser Zeit auch mehrere Ginkgobäume, die leider während des Zweiten Weltkrieges zerstört wurden.

Ginkgobäume am Bodensee, Oktober 2002

Einer der beiden Weimarer Hofgärtner, der Brüder Sckell, die sich auch regelmäßig mit Goethe botanisch austauschten, pflanzte um 1820 den heute in Weimar ältesten Ginkgobaum, seinerzeit südöstlich des Fürstenschlosses, heute hinter der Musikhochschule Franz Liszt, am Übergang zur Anna-Amalia-Bibliothek. Er ist in den Jahren zu einem stattlichen (männlichen) Exemplar herangewachsen und wird täglich von vielen Besuchern und Weimar-Touristen bestaunt.

Interessanterweise sind die Außenfassaden des Goethe- und des Schillerhauses in Weimar in den leuchtenden Herbstfarben des Ginkgolaubes gestrichen.

Goethes literarisch-mythische Deutung der Anmut des Ginkgoblattes führte letztlich dazu, dass seit den 20er Jahren des 20. Jahrhunderts, der Zeit des Jugendstils, des Japonismus und des Art Nouveau Künstler aller Couleur das Motiv des Ginkgoblattes als Kunstobjekt verwendeten.

So findet man es in Europa, in Deutschland und speziell in Weimar noch heute, kunstvoll verarbeitet als Gold- oder Silberschmuck, auf Stoffen, Glas, Porzellan, Keramik und als gestaltendes Element an alten Häuserfassaden. Weimar und der Ginkgo sind unzertrennlich.

Ältester Ginkgobaum Deutschlands im Schlosspark der Fürsten von Harbke, bei Magdeburg, gepflanzt um 1780, nur 10 m hoch

Das Ginkgo-Märchen

Der östliche Ginkgo biloba, nicht die nordische Esche ist der Weltenbaum. Auf ihm sind die ersten Menschen gewachsen. Und sie waren gleich diesen Blättern, unterwärts zusammengewachsen, oberwärts getrennt. Mann und Frau bildeten wie das Blatt, zugleich eine erscheinungshafte Einheit und eine wesensgemäße Zweiheit. Sie blieben bei aller Besonderheit des Ausgangs in ihrem Ursprung – mit dem Saftstrom, der durch beide hinging – einander ständig verbunden.

Körperliche Trennung hätte zu den Urzeiten der Menschen den Mann wie auch die Frau das Leben gekostet. Sie konnten keinen Augenblick ohne einander bestehen. Sie konnten nur füreinander, nur aneinander, nur ineinander sein.

Mag nun ein ungeheurer Sturm in jener Nacht, welcher den Weltenbaum mit einer Gewalt schüttelte, dass er bis in seine letzten Wurzelfasern erzitterte, die Ursache gewesen sein, mögen Glücksüberdruss, Erlebnishunger des trotz seiner Zweigeschlechtlichkeit zusammengewachsenen Menschen die Schuld tragen,

Der Weltenbaum. Zum Märchen vom Ginkgo biloba,
Scherenschnitt von Luise Neupert

jedenfalls: am Morgen danach befanden sich alle vom Weltenbaum herabgeschüttelten oder herabgesprungenen menschlichen Wesen als Mann und Frau auf der Erde. Ihre körperliche Verbindung war zerrissen. Sie wurden zwei und müssen sich nun stets von Neuem suchen und finden.

Das mag dem Früheren gegenüber mehr sein. Es ist aber zugleich weniger, so dass auch dem höchsten Liebesglück Schmerz beigemischt ist. Denn sowohl körperliche Vereinigung wie seelische Einswerdung sind den endgültig entzweiten Menschen jeweils nur für wenige, höchst unbewusste Augenblicke des irdischen Daseins vergönnt.

Die Menschen trieben es auf der sich zunehmend bevölkernden Erde in Liebe und Hass, mit Einigung und Trennung so, wie Mann und Frau es bis zum heutigen Tag – um den Schein der einstigen Einheit wiederherzustellen – notgedrungen treiben müssen.

Der Ginkgo biloba jedoch reckte anklagend seine kahlen Astarme in den Himmel hinauf. Und ein hohes Wesen erbarmte sich seiner Verlassenheit, die für den Weltenbaum Tod bedeutet hätte.

Und ließ – statt der Menschen, die bisher darauf gelebt hatten – aus seinen Zweigen Blätter hervorgehen, die den Urzustand des Menschengeschlechts für immer

versinnbildlichen, da sie unterwärts zusammengewachsen, oberwärts getrennt – eine lebendige Zweieinigkeit
bilden...

Dieses Märchen erzählte Freiherr von Stein seinem
Freund Goethe, als er ihm einen Ginkgobaum zeigte
(um 1810).

Frei nach Hans Franck: Marianne, Goethe-Roman

Ginkgo – Medizin aus der Natur

Aus frühesten Aufzeichnungen geht hervor, dass unsere Ahnen Ginkgo von Anfang an als Hilfsmittel nutzten. Mit kleinen spitzen Ginkgoästen stach man Abszesse auf, damit die Flüssigkeit entweichen konnte. Gegen Schwellungen kochte man die Rinde in Wasser und legte diese dann auf. Allerdings fand man auch heraus, dass die Schalen der Früchte Hautausschlag verursachten, die Samen und Blätter allerdings zur Besserung von Krankheiten wertvoll waren.

Der Ginkgo gilt in China seit über 4000 Jahren als Heilbaum. Erstmals erwähnt wurden seine Heilkräfte im „Handbuch der Barfußmedizin", das im Jahr 2800 v. Chr. entstand. Die Menschen nutzten damals die Baumrinde, die Blätter und die Samen des Baumes als Heilmittel für verschiedenste Beschwerden, wie z. B. zur Behandlung von Wunden und Entzündungen, zur Stärkung des Gedächtnisses, Linderung bronchialer Beschwerden, zur Förderung einer besseren Durchblutung und zur Verdauung.

In Europa erkannte man erst 200 Jahre nach der Wiedereinführung des Ginkgo als Park- und Gartenbaum seine wertvollen heilenden Eigenschaften. Engelbert Kaempfer schrieb zwar schon 1712 über die

Weiblicher Ginkgozweig mit Früchten
Aus: Flora Japonica

verdauungsfördernde Wirkung der Ginkgosamen, aber erst in den 60er Jahren des 20. Jahrhunderts erlangte der Ginkgo auch in der europäischen Medizin Bedeutung.

Deutsche Wissenschaftler fanden in den 60er Jahren heraus, dass ein aus den Blättern durch spezielle Verfahren hergestellter Extrakt gegen Durchblutungsstörungen hilft. Die Wirkstoffe aus den Blättern sind für die Industrie bis heute nicht synthetisch herstellbar. Diese Entdeckung revolutionierte die Ginkgoforschung. Heute ist jedes dritte gegen Durchblutungsstörungen verordnete Medikament ein Ginkgopräparat.

Die Inhaltsstoffe der Blätter und Samen sind identisch, der Anteil ist jedoch unterschiedlich. Beide enthalten mehrere Gruppen hochwertiger Flavonoide (kommen in fast allen Pflanzen vor, die grüne Blätter tragen) und die sogenannten Terpene, speziell Ginkgolide und Bilobalid, die bisher nur im Ginkgo entdeckt wurden. In Kombination und richtig dosiert schützen und heilen diese Substanzen. Sie sind bei unterschiedlichsten Erkrankungen einsetzbar, z.B.:

Ginkgo verbessert die Durchblutung des Gehirns, was die Leistung des Gedächtnisses, die geistige Beweglichkeit, die Aufmerksamkeit und andere Funktionen fördern und einige Arten von Depression lindern kann.

FLORA JAPONICA

SIVE

PLANTAE,

QUAS IN IMPERIO JAPONICO COLLEGIT, DESCRIPSIT,
EX PARTE IN IPSIS LOCIS PINGENDAS CURAVIT

DR. PH. FR. DE SIEBOLD.

REGIS AUSPICIIS EDITA.

SECTIO PRIMA

CONTINENS

PLANTAS ORNATUI VEL USUI INSERVIENTES.

DIGESSIT

DR. J. G. ZUCCARINI.

VOLUMEN SECUNDUM,

AB AUCTORIBUS INCHOATUM RELICTUM AD FINEM PERDUXIT

F. A. GUIL. MIQUEL.

LUGDUNI BATAVORUM,

IN HORTO SIEBOLDIANO ACCLIMATATIONIS DICTO.

1 8 7 0.

Titelseite von „Flora Japonica" von Siebold und Zuccarini

Er kann auch hilfreich bei Migräne und Venenleiden sein.

Durch die grundlegende Verbesserung des Blutflusses versorgt Ginkgo die Gefäße und Organe mit mehr Sauerstoff, transportiert Schadstoffe aus dem Blut, verlangsamt damit den Alterungsprozess, der Mensch hat mehr Energie.

Ginkgo fördert die Leistung der Sinne, insbesondere Hören und Sehen, und hilft bei vielen diesbezüglichen Beschwerden.

Ginkgo kann Beschwerden des zentralen Nervensystems bekämpfen, indem er die Nervenhüllen vor unerwünschten Schädigungen oder Abnutzungen (hervorgerufen durch Stress) schützt. Zudem wird die Funktion des Nervensystems durch eine gute Durchblutung gestärkt.

Ginkgo steigert den Sauerstoff- und Glukosegehalt im Körper und verbessert die Durchblutung, dadurch arbeitet der Körper besser, man fühlt sich psychisch und physisch wohler.

Ferner unterstützt Ginkgo die weißen Blutzellen bei der Abwehr leichter und schwerer Infektionen und kann eine Überreaktion des Immunsystems lindern, die zu Infektionen führen kann, u.a. bei Arthritis, Rheumatismus, Asthma und Hepatitis B.

Ginkgo kann das Gehirn vor Gedächtnisverlust schützen und so bei der Alzheimer-Krankheit und bei anderer Form von geistigem Verfall von Nutzen sein.

Er spendet Energie – der Mensch fühlt sich lebendiger und kann positiver auf seine Umwelt reagieren und eingehen.

Nebenwirkungen sind keine bekannt – lediglich schwangeren Frauen wird von der Ginkgo-Anwendung während der Schwangerschaft abgeraten.

Ginkgo ist allerdings keinesfalls ein Allheilmittel. Vielmehr werden diese pflanzlichen Arzneimittel meist in Verbindung mit anderen medizinischen Maßnahmen verwendet. Es gibt Ginkgopräparate rezeptfrei in der Apotheke – vor der Anwendung sollte man den Rat seines Arztes oder Apothekers einholen.

Ginkgopräparate gibt es in Dragee- oder Tablettenform sowie als Lösung oder Tropfenextrakt.

Auch in der Kosmetik und Körperpflege wird Ginkgo zunehmend eingesetzt. Ginkgo fördert die Durchblutung der Haut. Die vitalisierende Wirkung wird für Cremes, Shampoo, Haarwasser, Schaummasken und sogar Nylonstrümpfe genutzt, in die der Ginkgowirkstoff eingearbeitet ist.

Noch längst sind nicht alle Möglichkeiten der im Ginkgo enthaltenen Wirkstoffe und Substanzen erforscht.

Ginkgo-Aufguss

Die Wirkstoffe in den Blättern eignen sich hervorragend als Heiltee, da die Inhaltsstoffe wasserlöslich sind. An den Geschmack muss man sich allerdings gewöhnen, da der Aufguss leicht herb bis astringierend schmecken kann. Hier hilft Süßen mit Honig oder Ahornsirup.

Rezeptvorschlag:
1-2 gehäufte TL (ca. 1-2 g) zerkleinerte, gewaschene, trockene – oder 2 TL (ca. 4-6 g) frische, gehackte Blätter auf ca. 250 ml kochendes Wasser.

Blätter in einem geeigneten Teestrumpf oder Tee-Ei in eine Kanne hängen, das kochende Wasser zugeben. 7-8 Minuten ziehen lassen. Dann 1/2 Teelöffel Honig oder Ahornsirup dazugeben.
Ideal zu verwenden ist dieser Aufguss auch, wenn man die Flüssigkeit seinem Tee beigibt, den man sonst gern trinkt.

Dosierung
Erwachsene und Jugendliche: ca. 500 ml pro Tag
Kinder: ca. 60 bis 125 ml pro Tag

Täglich eine Tasse Ginkgo-Tee verbessert das allgemeine Wohlbefinden.

Ginkgo-Suppe

Dafür werden die Ginkgonüsse verwendet. Die Suppe ist nahrhaft, stärkt die Nieren, fördert die Verdauung und verbessert das Hörvermögen.

Rezeptvorschlag:
25 g frische oder getrocknete Ginkgonüsse,
ca. 1 l Wasser,
25 g bereits vorgekochter Reis oder Kartoffeln,
Salz, Zitronensaft und schwarzer Pfeffer.

Ginkgonüsse schälen (äußere papierartige Schicht von Nüssen entfernen) und klein hacken, damit sich der Geschmack und die Nährstoffe entfalten können. Mit dem Wasser in einen Topf geben und aufkochen.

Nach dem Kochen die Hitze reduzieren und nun ca. 20 Minuten köcheln lassen, bis die gehackten Nüsse weich sind.

Etwas abkühlen lassen und anschließend Wasser und Nüsse in einem Mixer oder in der Küchenmaschine pürieren.

Ginkgo biloba
(außergewöhnliche Blattformen)

Wenn die Mischung die richtige Konsistenz erreicht hat, in eine Schüssel gießen und den vorgekochten Reis oder die Kartoffeln hinzugeben, um die Suppe etwas einzudicken und einen festeren Biss zu erzielen. Vor dem Servieren abschmecken und würzen. Man kann der Suppe durch Zugabe von Selleriesamen, Thymian und Majoran zusätzlichen Geschmack geben.

Ginkgo-Punsch

<u>Zutaten für 1 l</u>:
0,75 l leichter italienischer Rotwein,
1 Apfel, 1 Apfelsine, 1 Birne, 1 Pfirsich,
100 g Mandeln,
Kandiszucker,
30 g getrocknete Ginkgoblätter.

In den Rotwein die gewaschenen, geschälten Früchte geben und 4-5 Tage darin ziehen lassen. Die Mandeln fein raspeln und ebenfalls in den Rotwein geben. Die Früchte beim Herausnehmen noch entsaften und den Saft in den Rotwein geben. Den Rohpunsch dann durch ein Tuch passieren, damit die Frucht- und Mandelreste entfernt werden. Anschließend den Kandiszucker verflüssigen und den Punsch nach Geschmack süßen. Die Ginkgoblätter aufbrühen und ca. 20 Minuten ziehen lassen. Sud in den Punsch geben. Fertig ist ein wunderbarer winterlich-exotischer und gesunder Genuss!

Blattformen des Ginkgobaumes

Tinktur

Tinkturen sind eine gute Möglichkeit, die heilenden Wirkstoffe von Ginkgo schnell nutzen zu können, denn Blätter wie Nüsse können mit Wasser und Alkohol gut extrahiert werden.

Rezeptvorschlag

200 g getrocknete oder 300 g frisch gehackte Blätter oder Nüsse auf 1 l Alkohol-Wasser-Gemisch (im Verhältnis 45 % hochprozentiger Alkohol auf 55 % Wasser).

Die Blätter und Nüsse zerkleinert in einem Mixer mit der vorbereiteten Menge Alkohol (z.B. Wodka 45 %) bedecken. Die Zutaten weiter zerkleinern. Da das Wasser noch nicht dazugegeben wurde, dreht der Mixer die harte Masse nur schwer – nicht aufgeben.
Danach die dunkle Flüssigkeit in ein dunkles Glas geben und luftdicht mit einem Deckel verschließen. Gut schütteln. Sorgfältig beschriftet an einem dunklen Ort ca. 2 Tage lagern. Danach die Flüssigkeit mit Wasser auffüllen, dadurch lässt sich die Tinktur besser schütteln. Ca. 14 Tage weiter ziehen lassen.
Die dunkle Tinktur durch ein Seihtuch abtropfen lassen, in kleine Fläschchen füllen und beschriften. Zur äußerlichen Anwendung und verdünnt auch innerlich.

Ginkgo-Anwendungen

Beschwerdebild	Innerliche Anwendung		Äußerliche Anwendung
Arthritis	Tinktur	Aufguss	
Asthma	Tinktur	Aufguss	
Bluthochdruck	Tinktur	Aufguss	
Depression	Tinktur	Aufguss	
Durchblutung	Tinktur	Aufguss	
Erkältungen		Aufguss	
Frösteln	Tinktur	Aufguss	
Frostbeulen	Tinktur	Aufguss	Creme
Gedächtnis	Tinktur	Aufguss	
Husten	Tinktur	Aufguss	
Kopfschmerzen	Tinktur	Aufguss	
Krämpfe	Tinktur	Aufguss	
Krampfadern	Tinktur	Aufguss	Creme
Muskelkrämpfe	Tinktur	Aufguss	
Rheumatismus	Tinktur	Aufguss	
Schwindel	Tinktur	Aufguss	
Tinnitus	Tinktur	Aufguss	
Venenentzündung	Tinktur	Aufguss	

Diese Tabelle ist eine Richtlinie für Beschwerden, die mit den Wirkstoffen des Ginkgo behandelt werden können. Die Wirkstoffe können allerdings andere Behandlungsformen nicht ersetzen, nur unterstützen. Fragen Sie im Einzelfall Ihren Arzt, bevor Sie sich für einen Einsatz von Ginkgo entscheiden.

Ginkgo-Creme

Die Wirkstoffe des Ginkgo verhindern z.B. Zellschäden der Haut beim Ausheilen einer Verletzung, bei Frostbeulen, Krampfadern und Sonnenbrand. Ebenso fördert die Creme die Elastizität der Haut und beugt somit Falten vor.

Rezeptvorschlag:
350 ml Olivenöl
auf 300 g getrocknete und zerkrümelte Ginkgoblätter
und ca. 50 g Bienenwachs.

Olivenöl über die zerkleinerten Ginkgoblätter schütten und in einen hitzebeständigen, verschließbaren Behälter aus Glas, Steingut oder Stahl geben und umrühren.
Ca. 1 Stunde in einem auf 38 °C vorgeheizten Backofen erhitzen. Nach dem Herausnehmen nochmals kräftig umrühren.
Ca. 1 Woche mazerieren lassen, anschließend umrühren und nochmals für 1 Stunde im vorgeheizten Backofen erhitzen. Dann die Kräutermischung über Nacht durch ein Seihtuch abtropfen lassen.
Das vorbereitete Bienenwachs in einem entsprechen-

den Topf bei sehr schwacher Hitze schmelzen. Abkühlen lassen. Zur Kräutermischung geben und verrühren. Abfüllen der fertigen Creme in dunkle Gläser und auf Konsistenz prüfen. Sie ist gelungen, wenn sie an den Fingern haftet ohne zu fest oder zu flüssig zu sein.

Wenn Sie weiterführendes Interesse an dem Thema haben, wenden Sie sich bitte an nachfolgende Adressen, die lediglich eine Auswahl darstellen:

Bund deutscher Heilpraktiker
Südstr. 11, 48231 Warendorf
Tel. 02581 – 61550

Ökologischer Ärztebund e.V.
Fedelhören 88, 28203 Bremen
Tel. 0421-4984251

Zentralverband der Ärzte für Naturheilverfahren e.V.
Am Promenadenplatz 1, 72250 Freudenstadt
Tel. 07441-91858-0

Ginkgo-Museum, Weimar
www.ginkgomuseum.de

Literaturquellen

Engelbert Kaempfer, Chronik, Johanneum Lüneburg, (Internetbeitrag)

Hans Franck: Marianne, Goethe Roman, Darmstadt 1953

Rosemarie Davies Jill: Ginkgo biloba. Kleine Heilkräuterkunde

Prof. Dr. Walter Jung: Der Ginkgo-Baum, ein Unikum mit Vergangenheit (Internetbeitrag)

P.-F. Michel: Ein Baum besiegt die Zeit – Ginkgo biloba, Ettlingen 1999

Maria Schmid, Helga Schmoll gen. E.: Ginkgo. Ur-Baum und Arzneipflanze. Mythos, Dichtung und Kunst, Stuttgart 1994

Bildquellen

Titel: Christine Paxmann, München

Blatt-Illustrationen: Lore Jacobi

Innenfotos: Seite 2, 11, 13, 15, 29, 43, 45, 47, 49, 51, 52/53, 55, 57, 85: Heinrich Georg Becker; Seite 17, 71, 87, 89: Brigitte Weber; Seite 21: © Stiftung Weimarer Klassik – Gartendenkmalpflege; Seite 23, 79, 81: aus: Siebold & Zuccarini „Flora Japonica", Leiden 1835–42; Seite 27: © Rosemarie Stimper, Botanischer Garten Jena; Seite 33, 34/35: Seite 811/812 aus: E. Kaempfer „Amoenitatum Exoticarum", 1712; Seite 35: Uwe Hämsch; Seite 39: © Botanischer Garten Utrecht (Holland); Seite 41: aus: Prof. Dr. Otto Wilhelm Thomé „Flora von Deutschland, Österreich und der Schweiz", Gera 1885; Seite 58, 60/ 61, 64/65: Illustrationen aus: „Sakura und der Ginkgobaum" (japanisches Kinderbuch); Seite 73: © Marie-Louise Kahler, Weimar; Seite 75: Scherenschnitt von © Luise Neupert, Schmölln

Lesen Sie auch:

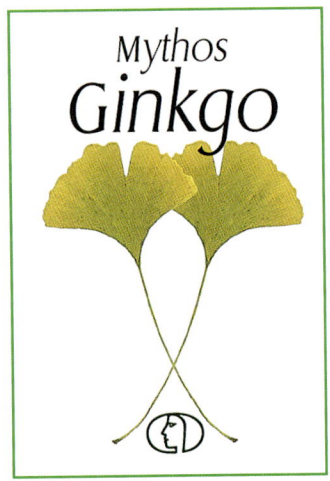

Heinrich G. Becker
Mythos Ginkgo

Minibibliothek
128 Seiten farbig, gebunden, 6,2 x 9,5 cm
ISBN 978-3-89798-030-3

Erhältlich in jeder Buchhandlung, im Ginkgo-Museum Weimar
oder direkt beim Verlag

BuchVerlag für die Frau
www.buchverlag-fuer-die-frau.de